AF240018

NOTICE

DES TRAVAUX

DE M. V. POIREL

Inspecteur général honoraire des Ponts et Chaussées

SOMMAIRE

Un ouvrage sur mon nouveau système de fondation à la mer , 2 vol. in-4°. — Un
Mémoire sur les applications de ce système de construction en blocs artificiels.
— Construction du port d'Alger. — Voyage en Grèce, Carte et Mémoire remis
au dépôt de la Guerre. — Mission en Turquie, Mémoire sur l'intérieur et sur le
littoral de la Roumélie d'Europe, remis aux dépôts de la Guerre et de la Marine
avec Carte. — Mission dans nos ports de la Méditerranée et de la Manche. —
Mission en Italie. — Construction d'un nouveau port à Livourne. — Études
et projets sur les principaux ports du littoral Italien, y compris ceux de
l'Adriatique.

NOTICE

DES TRAVAUX

De M. V. POIREL

Inspecteur général honoraire des Ponts et Chaussées

A L'APPUI DE SA CANDIDATURE A L'ACADÉMIE DES SCIENCES

(SECTION DE GÉOGRAPHIE ET DE NAVIGATION)

Présumant que l'Académie serait disposée à admettre comme concurrents aux trois nouvelles places créées par le Gouvernement, dans la section de géographie et de navigation, des membres pris en dehors de l'ancienne catégorie des Géographes Navigateurs, mais se rattachant à la navigation par leurs travaux, j'ai cru que l'heureuse révolution opérée dans l'art des constructions hydrauliques à la mer, par mon système de fondation en blocs artificiels de béton, m'autorisait suffisamment à me présenter comme candidat.

L'Académie verra, d'ailleurs, que je ne suis pas resté tout à fait étranger à la géographie, non plus qu'à l'hydrographie.

Sorti de l'École Polytechnique en 1824, pour entrer à l'École des Ponts et Chaussées, j'allais, en 1826, rejoindre en Grèce le général Fabvier. J'y suis resté jusqu'à la capitulation d'Athènes, à la fin de 1827, et dans le cours de cette campagne, j'ai pris part à toutes les expéditions du corps des Philhellènes. C'est là que s'est décidée ma vocation pour les travaux hydrauliques à la mer. Amené par des raisons politiques à séparer ses troupes régulières (*Taktikoi*) des bandes de Palicares qui composaient l'armée des Grecs, le général Fabvier vint s'établir sur la presqu'île de Méthana, en face de l'île d'Égine, et il me chargea de construire un port pour la ville qu'il allait fonder sous le nom de *Taktikopolis*.

Une fois la guerre terminée, je consacrai, avant de rentrer en France, trois mois entiers à l'exploration de l'Archipel, visitant en détail tous les lieux de quelque notoriété dans l'histoire de la Grèce ancienne : le Pirée, Phalère, les îles d'Égine, de Salamine, de Naxos, de Chio, de Lesbos, d'Eubée, etc., et l'emplacement de l'ancienne Troie où coulent les deux ruisseaux qui s'appelaient le Simoïs et le Scamandre. Je parcourus dans toute sa longueur le canal des Dardanelles, et je traversai la Chersonèse pour me rendre compte des difficultés que pouvait présenter l'exécution du projet fort ancien, et souvent reproduit, d'une coupure à travers la presqu'île, à peu de distance de Gallipoli, pour unir le golfe de Saros à l'embouchure des Dardanelles dans la Propontide ou mer de Marmara, de manière à éviter le long parcours du détroit, espèce de fleuve dont le courant, impossible à remonter par des vents contraires, arrête les navires pendant des mois entiers.

A mon retour en France, je remis au dépôt de la Guerre, sur l'invitation de son Directeur, M. le général Trézel, des cartes et un mémoire dans lequel étaient consignés, sur le Péloponèse et sur l'Attique, tous les renseignements et les détails statistiques pouvant être de quelque utilité dans l'expédition de Morée qui se préparait alors.

En 1829, j'étais attaché comme ingénieur aux travaux du port de Marseille. En 1832, j'étais envoyé à Alger, et, en 1833, chargé des fonctions d'ingénieur en chef de l'Algérie.

C'est alors que je fis les premiers essais de mon nouveau système de construction à la mer, en gros blocs artificiels de béton.

Comme tous les procédés nouveaux, qui viennent heurter des idées consacrées par une longue pratique, il fut combattu à son origine par les ingénieurs réputés les plus compétents dans les travaux à la mer.

A la date du 11 septembre 1835, dans un rapport adressé au Ministre de la guerre, une Commission d'Inspecteurs généraux déclarait, par l'organe de M. de Baudre, ancien Directeur des travaux du port de Saint-Jean-de-Luz, que les blocs artificiels ne présentaient aucune chance de réussite. « Nous l'avouerons, » disait le rapport, « nous sommes surpris qu'on soit parvenu à rendre les masses assez solides et à leur donner une assiette assez stable pour qu'elles aient pu résister *pendant près de sept mois* à la mer....... »

« .... Il serait prudent que dans la suite à donner à ces travaux, M. Poirel reçût la direction régulière d'un Ingénieur d'une expérience consommée dans les travaux à la mer. »

Cette conclusion donne la mesure du degré de confiance qu'inspirait au Conseil des Ponts et Chaussées le nouveau système de fondation à la mer, en gros blocs artificiels de béton.

En 1838, M. Garella, Ingénieur en chef, Directeur du port de Marseille, chargé d'inspecter mes travaux du port d'Alger, disait, dans un rapport au Ministre de la guerre, que le *système des blocs artificiels faisait sourire de pitié tous les constructeurs* (textuel). Il insistait pour qu'on y renonçât sur-le-champ et qu'on revînt à l'ancien système des blocs naturels.

Ainsi attaqué par des ingénieurs auxquels leur expérience et leur position hiérarchique donnaient une grande autorité, je me décidai à en appeler au jugement de l'Académie, certain d'y trouver un appui contre la force d'inertie inhérente à l'esprit de routine.

A la date du 2 juillet 1840, j'adressai à l'Académie un Mémoire avec planches, contenant un exposé complet, à la fois théorique et pratique, de mon système de construction à la mer en blocs artificiels de béton.

Il fut renvoyé à l'examen d'une Commission, composée de MM. Dupin, Cauchy, Poncelet, Liouville et Coriolis, qui, dans un rapport, en date du 9 novembre 1840, le déclara d'un grand intérêt pour l'art des travaux hydrauliques à la mer.

La haute autorité qui s'attache partout aux jugements de l'Académie mit fin à toutes les attaques contre le système des blocs artificiels, et depuis lors, il ne trouva plus d'adversaires. Appliqué jusque-là au seul port d'Alger, il le fut ensuite au port de Marseille, à Cherbourg, puis à la pointe de Grave (embouchure de la Gironde), à Port-Vendres, à Cette, à Biarritz et successivement à tous nos ports. Il a forcé l'assentiment, non-seulement des constructeurs, mais encore de ces hommes à grandes vues, dont l'esprit est ouvert à tout ce qui peut contribuer aux progrès de la civilisation.

Dans la séance de la Chambre des députés, du 14 avril 1842, M. Thiers le signala comme une découverte d'une haute importance.

Le 18 juin de la même année, M. Michel Chevalier, rendant un compte détaillé de mon Mémoire dans le *Journal des Débats*, disait :

« L'idée de M. Poirel est aujourd'hui sortie de l'état d'essai : c'est un résultat accompli, un fait bien acquis. Plût à Dieu qu'on l'eût connu plus tôt pour les travaux de Cherbourg.

» M. Poirel a donc fait faire un grand pas à l'art des constructions hydrauliques. Il s'est créé un titre à la reconnaissance publique. »

Dans son éloge de Gay-Lussac, lu en séance publique de l'Académie, le 20 décembre 1852, M. Arago, qui avait étudié d'une manière toute spéciale les phénomènes de la mer et les effets de sa puissance destructive, me faisait l'honneur de citer mon nom après les noms illustres de Fresnel, de Vicat, et ajoutait : « Les légions romaines ne manquaient jamais de consacrer, par une inscription, le souvenir des travaux d'art auxquels elles avaient pris part. Espérons que le dernier bloc artificiel déposé sur le môle d'Alger, arrivé à son terme, portera ces mots : « École Polytechnique. »

Le système des blocs artificiels est adopté maintenant dans les pays étrangers, où il est connu sous le nom de système français. L'Espagne, l'Italie, l'Autriche l'appliquent à tous leurs ports. Dans l'ouvrage célèbre qu'il vient de publier en Angleterre et qui a pour titre : « *Vies des Ingénieurs anglais*, » M. *Samuel Smiles* dit : « On a inventé en France un nouveau système de construction de digues qui promet les meilleurs résultats... Après s'être assuré que les vagues de la Méditerranée ne dérangent jamais des blocs pesant de 20 à 25 tonneaux, on a fabriqué des blocs gigantesques de béton de ce poids, etc... »

Parmi les nombreux avantages que présente le nouveau système sur l'ancien, les plus importants, pour ne parler que de ceux-là, peuvent être énumérés dans l'ordre qui suit :

1° Créer, pour le mouillage des navires, des abris sur un point quelconque du littoral, tandis qu'auparavant, il n'était possible d'établir des ouvrages en mer que dans un nombre très-restreint de localités, offrant à proximité des carrières d'où l'on pût tirer des blocs d'une nature de pierre inaltérable à la mer. Ainsi, les deux digues comprenant le chenal qui devra former, à travers la plage de Péluse, le débouché, dans cette mer, du canal de Suez à Port-Saïd, sont construites en blocs artificiels et ne pouvaient l'être autrement, puisqu'on ne trouve de pierres sur aucun point de la contrée à une grande distance.

2° Rendre praticables et d'une exécution relativement facile des projets, qui autrefois auraient été, à juste titre, traités de conceptions chimériques ; par exemple, la création d'une vaste rade en avant des nouveaux ports de Marseille, au moyen d'une digue qui réunirait au continent les îles de Pomègue et de Ratonneau.

3° Construire au large des massifs isolés pour servir de fondation, soit à des phares destinés à signaler des bancs sous-marins, soit à des forts avancés dans les conditions de résistance jugées nécessaires, et à des distances telles que les projectiles d'une flotte ennemie ne puissent atteindre les bâtiments au mouillage. Mettre ainsi nos ports de guerre et de commerce dans un état de défense qui corresponde aux nouveaux moyens d'attaque, quand l'expérience aura définitivement prononcé sur les batteries flottantes et les navires cuirassés, eu égard à leurs qualités nautiques comme à leur puissance de destruction (1).

4° Donner aux brise-lames isolés une forme curviligne avec laquelle, sans une augmentation notable de dépense, on gagne, pour le mouillage des navires, l'aire du segment beaucoup mieux abritée, en raison de sa forme concave, que l'espace défendu par la corde. Le brise-lames que j'ai construit en avant du port de Livourne est établi dans ces conditions, et il est le seul qui l'ait jamais été jusqu'ici.

5° Dans les ports où la marée se fait peu sentir, ce qui a lieu dans toute la Méditerranée, construire, aussi facilement que dans ceux où le reflux permet de travailler à sec, des quais à parement vertical, jusqu'à une profondeur de 6 à 8 mètres, de manière à permettre aux plus gros navires le déchargement bord à quai, sans transbordement et au moyen de grues fixes installées à terre ; condition indispensable à satisfaire, au point de vue de l'économie de temps et d'argent, depuis que les chemins de fer et les bateaux à vapeur ont

(1) Ainsi que je l'ai dit dans une note du Mémoire que j'ai lu à l'Académie le 10 juillet dernier, il me paraît inévitable que l'invention des navires cuirassés et des nouveaux engins de destruction flottants, doive amener une transformation radicale dans le système de défense des ports, de même que l'invention du canon a changé tout le système de défense des places de guerre. Mais, contrairement à l'opinion accréditée dans notre marine et même dans notre artillerie, je ne pense pas que, dans un cas, plus que dans l'autre, tout système de défense fixe, établi dans les conditions déterminées par les nouveaux moyens d'attaque, devienne impuissant. Je crois que les blocs artificiels permettront de construire, au large, des ouvrages avancés qui, combinés avec les nouveaux engins de destruction, concourront efficacement à défendre les approches d'un port contre les insultes d'une escadre ennemie, tout comme les ouvrages en terre et en maçonnerie qui forment l'enceinte d'une place concourent, avec les canons dont ils sont armés, à la mettre à l'abri des atteintes d'une armée assiégeante. Il viendra un autre Vauban qui fera, pour les ports, ce que ce grand Ingénieur a fait pour les villes de guerre.

fait prendre un accroissement si considérable à la masse des affaires commerciales dans les ports.

6° Rendre désormais inattaquables par les plus grosses mers les musoirs des môles, que des travaux incessamment renouvelés étaient impuissants à défendre dans l'ancien système.

Construire ces musoirs à parement vertical. On sait combien il importe qu'ils soient acores, non-seulement pour maintenir à leur pied une agitation qui empêche les sables de s'y déposer, mais surtout pour permettre aux navires de les ranger de très-près, de manière à pouvoir, lorsqu'ils entrent au port par un gros temps, prendre une amarre qu'on leur jette de terre.

7° Établir des ouvrages à la mer par de très-grandes profondeurs. Celle de 20 mètres (par laquelle a été construite la digue de Cherbourg, et l'on sait combien il a fallu de temps pour la terminer) était considérée comme un maximum. A Alger, la jetée en prolongement de l'ancien môle et qui forme le nouveau port a été établie par des fonds de 25, 30 et 35 mètres. On peut aller bien au-delà ; ce n'est plus qu'une question de dépense et de temps.

8° En raison de la stabilité presque immédiate des fondations, élever en toute sécurité les ouvrages qu'elles doivent supporter, sans avoir à craindre le retour de catastrophes, telle que la disparition complète de la batterie centrale de la digue de Cherbourg, à la suite de la tempête du 11 février 1808.

9° Calculer à l'avance, avec une exactitude mathématique, le temps et la dépense nécessaires pour le complet achèvement des ouvrages à exécuter, en se fondant sur ces deux principes établis par l'expérience :

1° Que le talus de la masse des blocs artificiels coulés à la mer, correspondant à son état d'équilibre, est moyennement de 45°, c'est-à-dire, approximativement, le même que celui déterminé par Coulomb et par d'autres ingénieurs pour les terres coulantes.

2° Qu'il existe un rapport constant du plein au vide dans la masse des blocs, et que ce rapport est de 2/3 de plein sur 1/3 de vide. Ainsi, en désignant par h la hauteur moyenne des fonds par lesquels les ouvrages doivent être établis, et par l leur largeur au niveau de la flottaison, on aura :

$$\frac{2}{3} h^2 + \frac{2}{3} hl$$

pour le cube du béton qui entre, par mètre courant, dans la masse des blocs. Cette formule donne en même temps la loi suivant laquelle les dépenses croissent à mesure que les fonds augmentent.

J'ai signalé plus haut les difficultés et les obstacles que j'avais rencontrés au début de l'emploi des blocs artificiels, pour la reconstruction de l'ancien port d'Alger et pour son agrandissement. Lorsque mes adversaires se virent battus de ce côté, ils portèrent leurs attaques sur d'autres points. D'abord, ils réussirent à faire changer la direction de la digue, telle que je l'avais projetée : de là ce coude non motivé et nuisible qu'elle présente aujourd'hui et dont quelques personnes, ignorant les faits, ont rejeté la faute sur moi. Ensuite, ils exploitèrent des ressentiments que m'avait valus ma persistance à repousser toutes les offres de fournisseurs qui venaient proposer à l'administration des pouzzolanes factices ou des chaux hydrauliques artificielles, à des prix notablement au-dessous de 55 francs le mètre cube, prix de revient, à Alger, de la pouzzolane de Rome que j'étais fermement résolu à employer, exclusivement à toute autre matière. En m'attirant l'inimitié personnelle d'hommes influents, je m'exposais à une disgrâce qui, en effet, m'atteignit bientôt et amena mon rappel d'Alger (1).

(1) Faisant allusion à ces luttes dans lesquelles je n'ai pas reculé devant la disgrâce et même la calomnie, plutôt que de compromettre l'avenir des travaux qui m'étaient confiés, M. Minard, Inspecteur général des Ponts et Chaussées, dans une note sur les mortiers exposés à la mer, insérée aux Annales des Ponts et Chaussées du 1er semestre 1853, n° 45, p. 188, disait : « Les accidents qui ont eu lieu n'ont d'autres causes que des innovations qui ont séduit par leur

Ce fut à quelque temps de là, en mars 1847, que le Gouvernement, comme dédommagement, me proposa une mission en Turquie. L'ambassadeur de la Porte ottomane avait demandé à notre Gouvernement qu'un Ingénieur français expérimenté fût mis à sa disposition pour des travaux de navigation et de ports. La décision par laquelle cette mission m'était confiée me fut communiquée en date du 23 juin 1847, par une dépêche de M. Guizot, Ministre des affaires étrangères, dans les termes qui suivent :

« ..... M. le Ministre des travaux publics m'a fait connaître qu'il vous avait délégué pour remplir une mission dont vos antécédents vous rendaient particulièrement apte à vous bien acquitter. Votre nom m'était déjà honorablement connu, Monsieur, et je ne doute pas que vous ne sachiez justifier complétement le témoignage de confiance qui vous est accordé. »

Le résultat de cette mission a été :

1° Un projet des travaux à entreprendre pour rendre la Maritza (l'ancienne Hèbre) navigable depuis Andrinople jusqu'à son embouchure dans le golfe d'Énos.

2° Un projet de nouveau port à créer à l'est de l'ancien port d'Énos, sur un point nommé *Tracontina*, qui offre un bon mouillage et se trouve abrité, à la fois de la Mal'aria et des attérissements produits par les dépôts de la Maritza, et par les matières que transportent le courant littoral et le mouvement des vagues.

3° Une carte du cours de la Maritza et du golfe d'Énos, où se trouvent rectifiées des erreurs graves qui existaient dans toutes les cartes publiées jusqu'alors sur le littoral et sur l'intérieur de cette partie de la Roumélie d'Europe.

économie. Quelques constructeurs ont résisté à la séduction ; on peut citer un Ingénieur en chef qui s'est toujours refusé à remplacer la pouzzolane d'Italie par une pouzzolane artificielle bien plus économique, laquelle, éprouvée pendant quelques mois, était supérieure à la première. C'est peut-être à cette prudente persistance que nous devons la conservation d'une des constructions maritimes les plus remarquables qui existent. »

Cette carte, avec un Mémoire contenant les renseignements topographiques et hydrographiques que j'avais recueillis sur cette contrée encore imparfaitement étudiée, a été remise aux dépôts de la Guerre et de la Marine.

À mon retour de Turquie, M. Lacrosse, Ministre des travaux publics, me confia une mission dont l'objet était ainsi spécifié dans une dépêche, en date du 18 janvier 1849 :

« Monsieur, j'ai décidé que vous seriez chargé de visiter tous les grands ports de commerce de France, et d'examiner, d'après l'expérience que vous avez acquise au port d'Alger, les perfectionnements qui pourraient être apportés dans les travaux de construction et d'entretien. »

Des instructions ultérieures, en date du 21 juillet 1849, étaient ainsi conçues :

« Monsieur, la mission que vous avez reçue pour l'étude des travaux d'amélioration dans les ports de la Méditerranée s'étendra aux ports de la Manche.

» Je vous invite, en conséquence, à vous rendre à Boulogne, à Dieppe, à Fécamp et au Havre, pour observer les avantages qui pourraient résulter de l'emploi des blocs artificiels de forte dimension. »

Cette mission ayant pris fin avec le ministère de M. Lacrosse, M. Lefebvre-Duruflé, son successeur, m'en proposa une nouvelle en Italie, dans une dépêche, en date du 14 février 1852, ainsi conçue :

« Monsieur, M. le Ministre de la Toscane à Paris demande que le Gouvernement français mette à la disposition de son Gouvernement, un Ingénieur spécialement versé dans la connaissance des constructions maritimes et des travaux des ports. Je vous prie de me faire connaître si cette mission pourrait vous être confiée. »

C'est ainsi que j'ai été chargé de la construction d'un nouveau port à Livourne, au moyen d'ouvrages, dont le plus important consiste en un brise-lames isolé, de forme curviligne, de 1,140 mètres de développement, établi par des fonds qui varient de 8 à 12 mètres. Ce nouveau port a donné aux navigateurs, ce qui leur manquait jusque là, un refuge assuré dans les gros temps sur la côte d'Italie.

Pendant un séjour de douze années en Toscane, j'ai été amené à étudier l'importante question des attérissements sur tout le littoral Italien, et le résultat de mes études a été consigné dans un Mémoire remis au Gouvernement Toscan.

En 1861, je fus chargé par le comte Cavour, alors Président du Conseil, d'une mission dans tous les ports de l'Italie, y compris ceux de l'Adriatique.

Après la mort de cet homme d'État, je remis à son successeur des projets de travaux à exécuter aux ports de Gènes, de la Spezzia, de Naples, de Tarente, de Brindisi, d'Ancône et de Palerme, etc.

Si je suis entré dans tous ces développements, c'est pour n'omettre aucun des titres que je puis avoir à l'insigne honneur d'être admis dans le sein de l'Académie.

EN RÉSUMÉ,

L'ensemble de mes travaux comprend :

1° Un *Mémoire sur mon nouveau système de fondation à la mer*, publié en 1841, 1 vol. in-4° de texte et 1 vol. de planches.

Ce Mémoire, présenté à l'Académie, avant sa publication, contient l'exposé théorique et pratique de mon nouveau système de fondation à la mer au moyen de blocs artificiels de béton ; il a été l'objet d'un rapport favorable.

2° Un second *Mémoire sur la construction des ouvrages à la mer en gros blocs artificiels de béton*, lu à l'Académie dans sa séance du 10 juillet 1865 ; j'y ai consigné les résultats déjà produits, pour la navigation, par l'emploi des blocs artificiels, et ceux qu'elle peut en attendre dans l'avenir ;

3° La construction, à *Alger et à Livourne*, de ports d'une utilité capitale pour tous les navigateurs ;

4° *Une Carte et un Mémoire sur le Péloponèse, l'Attique et différentes localités de la Grèce*, remis au dépôt de la Guerre en 1827, une année avant l'expédition de Morée ;

5° *Une Mission en Turquie.* — *Une Carte et un Mémoire* remis aux dépôts de la Guerre et de la Marine, sur une partie de la Roumélie d'Europe, comprenant tout le cours de la Maritza (l'ancienne Hèbre), depuis Andrinople et le littoral d'Énos où elle vient déboucher ;

6° *Une Mission dans nos ports* de la Méditerranée et de la Manche, pour l'étude des améliorations à y apporter ;

7° *Une Mission dans les ports principaux du littoral Italien et de l'Adriatique.* — *Mémoire avec Carte* sur les attérissements des ports de cette contrée. Projets de travaux à exécuter pour l'amélioration des ports de *Gênes*, de la *Spezzia*, de *Naples*, de *Tarente*, de *Brindisi*, d'*Ancône* et de *Palerme*.

⇾➥⚛➤⇼

SAINT-NICOLAS, PRÈS NANCY. — IMP. DE P. TRENEL.

9 782329 101880